奇趣真相：自然科学大图鉴

天 气

[英]简・沃克◎著
[英]安・汤普森　贾斯汀・皮克　大卫・马歇尔　等◎绘
尹周红◎译

中国人口出版社
China Population Publishing House
全国百佳出版单位

前 言

天气变化多端，形式多样，有时阳光明媚，有时乌云密布，有时大雨倾盆，有时天寒地冻。无论如何，天气都在影响着我们每一天的生活。通过阅读本书，你将了解天气是如何形成的，并清楚它们为什么总是在变化。你还会了解到一些极端天气，以及人们是如何应对这些极端天气的。你还可以根据本书的提示，做一些有趣的小实验，甚至尝试自己写天气日记。你会发现很多关于天气的奇趣真相，这不仅能增长你的见识，还会给你带来很多乐趣哟！

目录

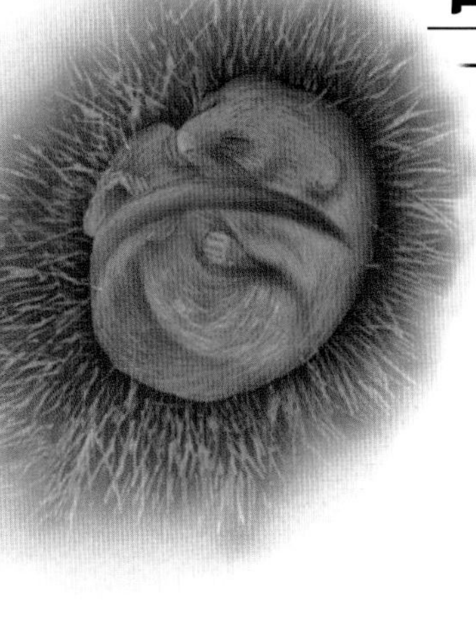

天气

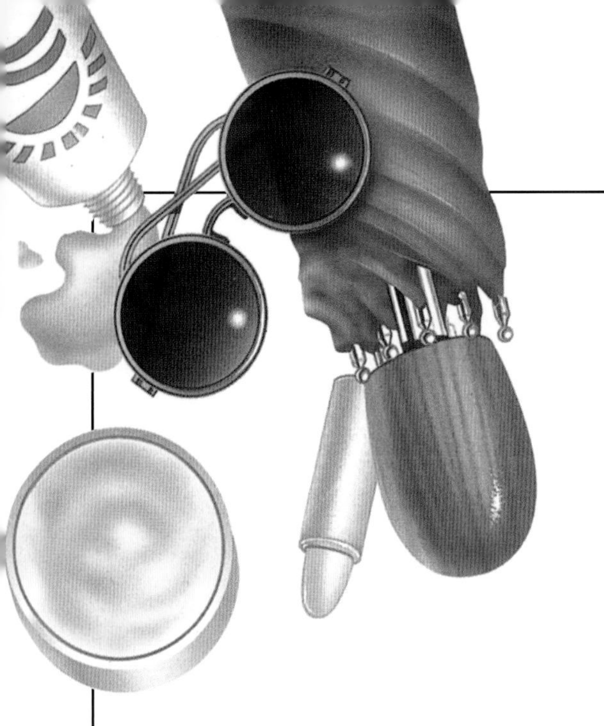

天气可能有时寒冷，有时炎热，有时潮湿，有时干燥，有时风起云涌，有时晴空万里。地球表面的空气温度上升或者下降，都会引起天气的变化。天气状况在我们日常生活中非常重要，坏天气会导致列车停运、航班取消，也会导致庄稼被毁，甚至导致所有户外活动终止。今天天气是晴朗还是多云呢，明天会下雪吗？

应对天气的防护措施

我们经常需要根据天气状况做出防护措施。阳光炙热时，我们要戴上太阳帽和太阳镜，还要涂防晒霜。下雨时，我们要打雨伞，或者穿上雨衣和雨靴。天气变冷时，我们会穿上厚衣服御寒。

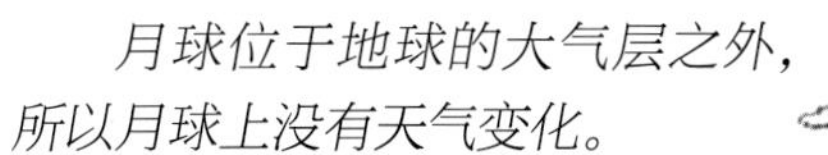

月球位于地球的大气层之外，所以月球上没有天气变化。

空气中的水蒸气遇冷液化成小水滴，无数小水滴组成了云，云里面的小水滴相互碰撞后合并成大水滴，无数大水滴一同落向地面，由此形成了雨。

虽然天气预报表明有雨，但是云层中的可见度较高的时候，不会影响航班出行。

温度取决于我们周围空气的热度，空气的热度受太阳光线照射的影响。

下雪天可以滑雪，但是大雪会导致公共交通系统瘫痪。

温度很低时，雨就变成了雨夹雪、冰雹或者雪。

在大气层中

大气层就是包围着地球的空气层。大气层的主要成分有氮气和氧气，还有其他少量气体、灰尘和水蒸气。大气层中环境的变化，会引起地球表面天气的变化。最接近地球表面的大气层叫对流层，地球表面的天气变化主要受这个空气层的影响。

空气的运动

大气层中的空气因受地面辐射而变热，离地面越近，受热越多。热空气比冷空气轻，所以会上升。热空气上升的同时，冷空气下降，由此形成了空气的对流运动。空气在运动过程中会形成压力，这种压力就叫气压。

地球的大气层

地球大气层和太空之间没有明显的界限，国际航空联合会将距离地表 100 千米的地方设定为卡门线，也就是大气层和太空之间的界限。实际上，在数万千米的高空仍有大气存在，但空气的密度很低，几乎可以忽略不计。

地球上的大部分天气变化都发生在对流层。对流层的顶部就是对流层顶，它是对流层和平流层之间的过渡层。平流层在对流层的上面。

热气球

地球

滑翔机

一间大教室里面的气压和一辆汽车内部的气压是一样的。

制作热空气上升模型

你可以找一张薄卡片，涂上颜色，画上螺旋线，也可以在上面画一些飞行器。沿着螺旋线剪开，并在顶端系一根线，做成散开的悬挂物。将悬挂物放在取暖器上方，当热空气从取暖器里面升起的时候，可以观察一下悬挂物是如何旋转的。

气象气球

人们将气象气球送进大气层，以记录天气状况。气象气球里面安装了设备，可以用来测量气温、气压、空气湿度和风速。

气象气球

平流层中有一个臭氧浓度相对较高的圈层，叫臭氧层，可以吸收太阳光的紫外线。

喷气式飞机

冷和热

水银或酒精

太阳光的光线照射到地球上，光的热量使地球表面和地球的空气产生温度。有些地方接收的热量比较多，所以温度就更高。赤道附近的温度最高，南极和北极地区的温度最低。两极地区距离太阳比较远，阳光斜射幅度比较大，所以温度最低。

测量温度

温度让我们知道物体或人体是热还是冷。我们一般用温度计来测量温度。最常见的温度计上面有一个玻璃管，里面装了液体酒精或水银。玻璃管外面标有表示摄氏度的数据刻度，当外部温度上升时，玻璃管内部的液体也会上升。

炎热的国家

赤道附近的国家受太阳光线直射时间最长，所以天气总是很炎热。为了保持凉爽，当地的居民多习惯穿着棉麻质地的浅色宽松衣服。

美国最炎热的地方是加利福尼亚州的死亡谷，当地的炽热岩石可以把鸡蛋煎熟。

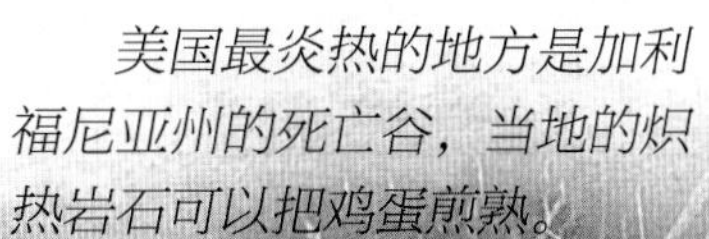

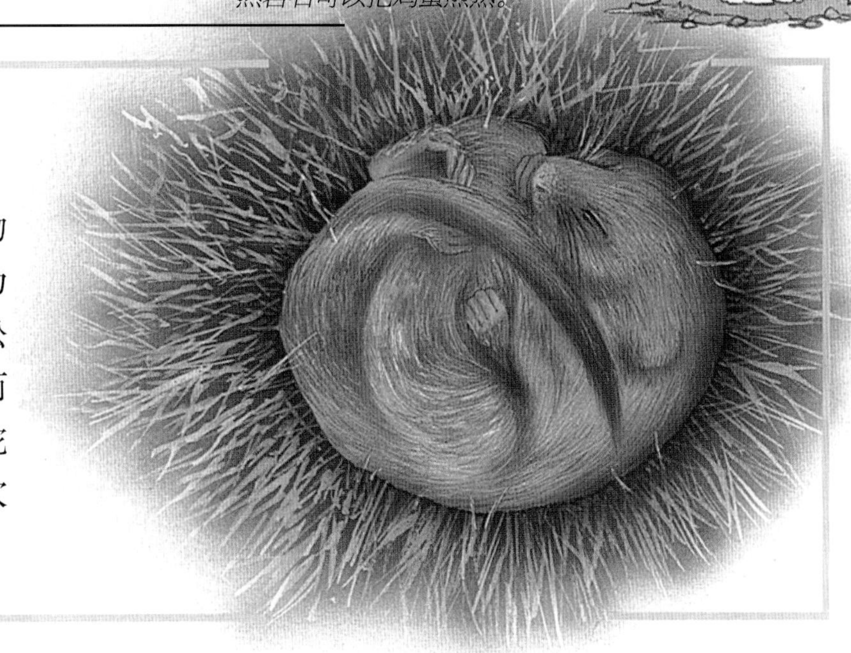

冬眠

在寒冷的季节里，有些动物通过休眠来保护自己，这种行为就是冬眠。冬眠之前，睡鼠和松鼠等动物会吃下很多食物，从而保证冬眠期间所需要的能量。蛇在地底下冬眠，蝙蝠却选择洞穴或者树洞作为自己的冬眠居所。

寒冷的国家

在靠近南极和北极的地方，太阳斜射，阳光不够炙热，带来的热量就比较少，因此当地非常寒冷，即使在夏季也是如此。在极地地区，有些地方一年中有 9 个月都被冰雪覆盖，当地居民必须穿上用动物皮毛制成的厚重衣服来御寒。

因纽特人生活在北极圈附近，他们穿的衣服非常保暖，一般是用驯鹿或海豹的皮制成的。

多云的天空

云是由无数小水滴或冰晶组成的集合体。云的形状有各种各样的，颜色也各不相同。有些云毛茸茸的，有些云铺满了整片天空。卷云是一种高云，云底的平均高度超过地面6000米以上；层积云是一种低云，云底距离地面一般为2000米以下。大气中的空气在上升过程中不断冷却，最后形成了云。与此同时，空气中的水蒸气变成了无数小水滴或冰晶。

浓雾和薄雾

浓雾是无数小水滴的集合体，一般在靠近海边或者小山高处的地面形成，会使周围的能见度变低。薄雾是出现在海边或树林中的淡淡雾气。

云的形成

制作云

洗热水澡时，热气外涌冷却后会形成白雾，它的原理和水蒸气液化形成云的原理是一样的。在一个空塑料瓶中装满热水（不是沸水），过几分钟之后倒出瓶中2/3的水，并在瓶口放一个冰块，接着你就可以观察到云的形成啦！

科学家可以借助播云催化剂进行人工降雨，也就是用飞机向云层中播撒某种化学物质来改变天气。

云的种类

不同形态的云会带来不同的天气。层积云是一种低云，它的出现往往意味着雨雪天气将要来临。积雨云出现的时候，意味着暴风雨离得不远了。大面积出现在天空中的细丝状云层叫作卷云，卷云距离地面非常远，所以云层中的水汽冻结成了冰晶。

你在寒冷的环境中呼出一口气，遇到周围的冷空气时就会变冷，当中所含的水汽会形成雾状的小水滴，这也是一种云。

有风的天气

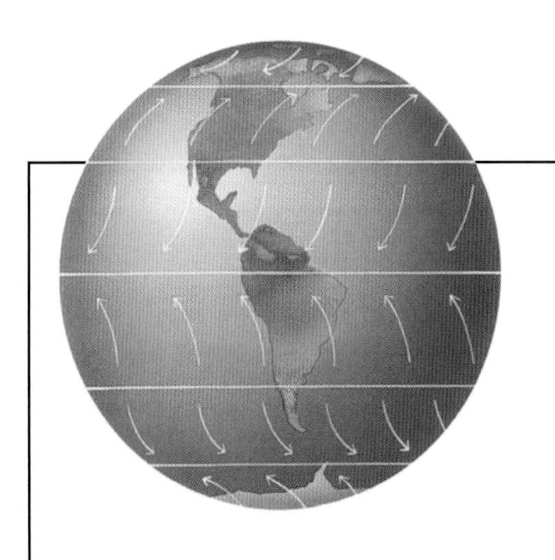

地球上的风

地球上的风主要在上图6条地带之间流动。很多风都有自己的名字，比如信风。信风的方向比较稳定，古代的商船依靠这种方向常年不变的风在海上航行，因此信风又被称为“贸易风”。

风可以让炎热的天气变凉爽，也可以吹散阴雨天的云雾，让天气变晴朗。风时而温柔，时而狂暴，狂暴的风甚至可以吹倒大树和高楼。当大气中的空气沿着地表流动时，就形成了风。某个地方的空气受热上升后，周围的冷空气就会流入，这样就形成了空气的运动。

人们很早就发明了风车，利用风力来研磨玉米。现在，人们用风力涡轮机（见左图）来发电。

蒲福风力等级

风速大小和风力强度可以用蒲福风力等级来表示。这个测量风速的方法和标准由英国海军上将弗朗西斯·蒲福发明，他将风分为0~12级。其中，0级表示无风，12级表示飓风。

苏丹的哈布沙暴能把尘土吹得非常高，比当地最高的摩天大楼高 3 倍还不止。

制作风速计和风向标

测量风速的仪器叫风速计，测量风向的仪器叫风向标。你可以在家长的帮助下，动手制作属于自己的风速计和风向标。首先，把2根木块钉成交叉的十字状，然后在4个顶端各粘上一个塑料杯，并给其中一个塑料杯涂上鲜艳的颜色。在木块交叉的地方打1个洞，洞的上面和下面分别放置1个有孔小珠，接着用1根长细棍将木块和小珠串起来。沿着长细棍，分别将空心竹管套在小珠的上方和下方。将竹管插在地面，保持稳定，并在上方的竹管上贴一个小标签。起风的时候，数一数30秒内涂过色的塑料杯转动时经过标签的次数，这样你就可以知道大概的风速啦！你也可以在不同的日期对比一下，看看风速有什么区别。要把它做成风向标，你还需要像右图一样在上方的竹管上面再加一些木块，如图所示，木块箭头所指的方向就是当时的风向。

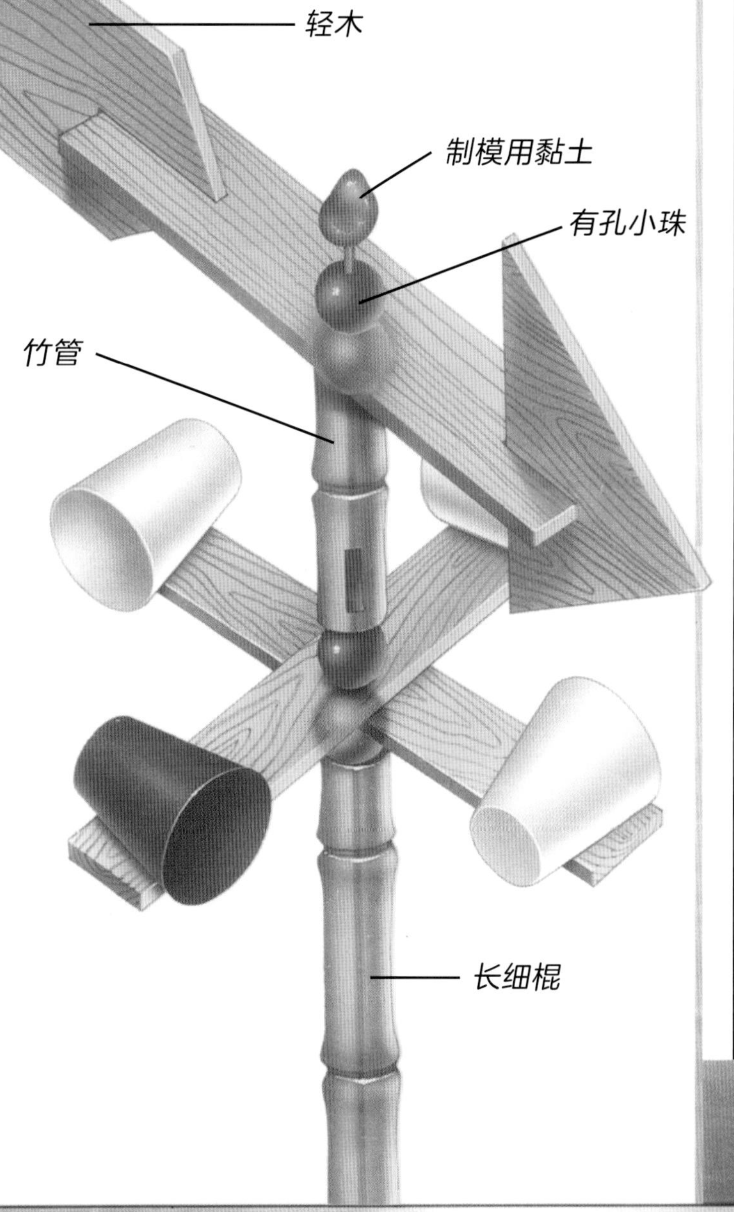

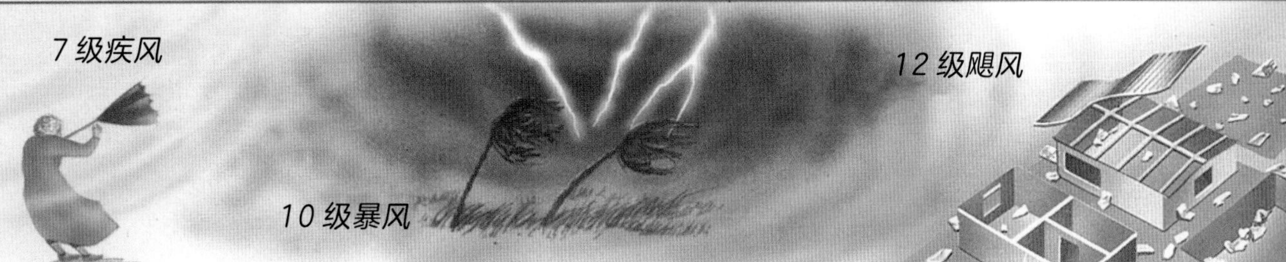

下雨的天气

水一直处在运动当中——河流或海洋中的水蒸发到空气中，然后变成雨降落到地面上，最后又流入大海。这个过程就是水循环。吸收太阳光的热量后，有些水变成水蒸气上升了，水蒸气上升到越来越高的位置，温度也变得越来越低。然后，水蒸气就会液化成小水滴。小水滴越积越多，越积越重，最后变成了雨、冰雹或者雪花。

彩虹

当雨停之后太阳出现时，天空中可能会出现彩虹。太阳光是各种颜色的混合体，雨后的空气中弥漫着水滴，阳光照在水滴上，会折射出赤、橙、黄、绿、青、蓝、紫7种颜色，这就是我们看到的彩虹。

（1）阳光照射时，水受热蒸发，并进一步变成水蒸气。

古代北美洲印第安人嘴里含着活蛇跳舞，以祈求神灵给他们送来雨水。

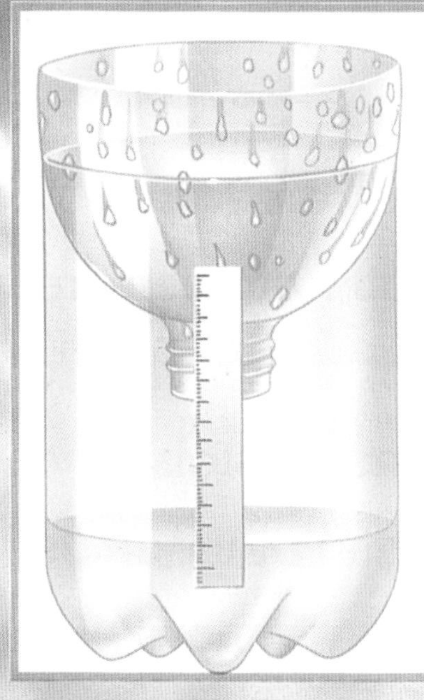

制作雨量计

雨量计是用来测量降雨量的仪器。你可以剪下一个塑料瓶的顶部，把它倒过来，放进瓶子的下半部。在瓶子外面粘上一把以毫米为单位的尺子，作为测量降雨量的刻度尺。在屋外挖一个洞，把塑料瓶做成的雨量计放进去，雨量计要高出地面一点。在一段时间内，持续记录塑料瓶中的雨水量，并以此测算出你所在地区的日降雨量和周降雨量。

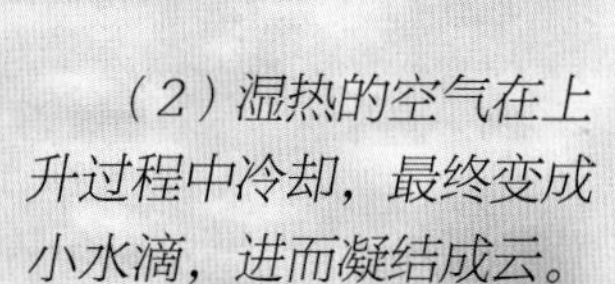

（2）湿热的空气在上升过程中冷却，最终变成小水滴，进而凝结成云。

（3）云层中的小水滴越来越大，越来越重，最后变成雨落到地面上。

（4）3/4 的雨水流入河流或海洋，剩下 1/4 则留在陆地上。

霜、冰和雪

水在0摄氏度以下会凝结成冰。霜、雨夹雪、雪和冰雹都是各种形态的冰。高空中的水滴在低温条件下凝结成冰晶体，它们彼此碰撞，结合在一起就形成了雪花。在一定范围内，每30厘米厚的雪融化后，会变成1厘米深的水。

霜

由水滴凝结成的冰晶体大面积出现在窗户上、玻璃上或植物上时，就形成了霜。降霜现象通常出现在早晨，也就是某个寒冷且晴朗的夜晚之后。结在植物上面的霜会阻碍植物的生长，甚至造成植物大面积冻死。

有些地方冬天时大雪纷飞，雪花落在地面堆起厚厚的一层，会影响人们的日常生活。

美国人本特利研究雪花长达 50 年之久，被人称为“雪花人”，他宣称自己从未发现两片一模一样的雪花。

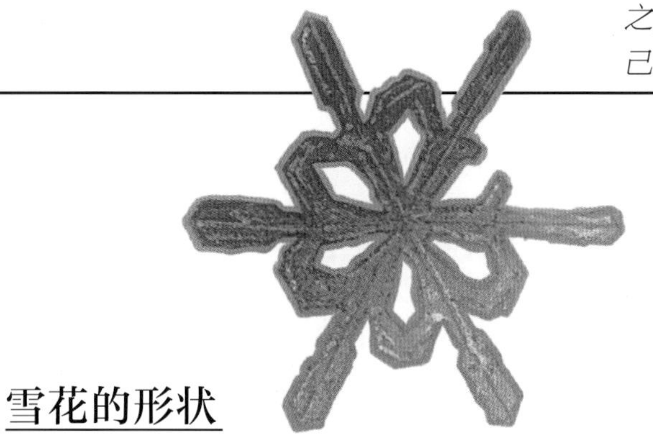

雪花的形状

尽管所有雪花都有 6 个侧面，但它们形态各异。有些雪花包含数百个冰晶体，有些雪花只包含少量几个冰晶体。有些雪花的形状像星星，有些雪花的形状像平坦的冰针。雪花在降落过程中遇到气温上升或下降时，形状也会随之发生改变。

水管为什么会爆裂？

当天气变冷时，水管里的水温下降，可能会结成冰。等量的水由液体转化为固体时，体积会变大。也就是说，水管中的水变成冰的同时，体积也撑大了，到达一定程度后水管就会被撑爆。当冰最终融化的时候，水会从爆裂的水管中喷涌而出。冬天，将一个装满水的塑料瓶放到户外，当瓶子里的水结成冰时，你会看到塑料瓶被撑破；等冰融化成水后，你又会看到水从塑料瓶中喷涌而出。

什么是冰雹？

冰雹就是由雨滴变成的球状或块状冰团，云层中的雨滴在降落过程中遭遇气温骤降，就会变成冰雹。大多数冰雹比较小，有些冰雹比网球还大。大块的冰雹会砸破车窗玻璃，甚至在车身上砸出凹痕。在风暴云中，冻结的雨滴随着气流上下起伏。风暴云后部是下沉气流，温度比周围空气低，急速下沉的冷空气在云底高速旋转，并在雨滴周围形成一层冰，最后雨滴就变成了冰雹。

极端天气

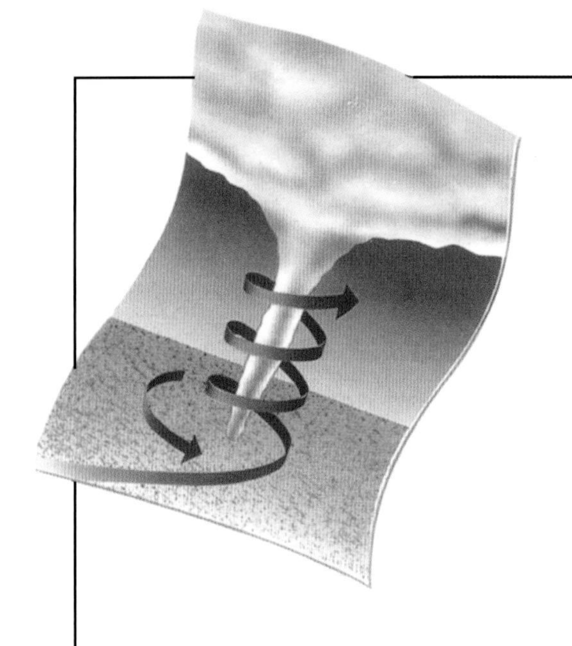

暴风雨是伴有狂风的大雨天气现象，时常还伴随着闪电和轰隆的雷声。在热带国家，暴风雨会造成严重的破坏。在大西洋和西印度群岛的一些国家，剧烈的风暴被称为飓风，其他地方则称之为台风或旋风。

旋风

小型风暴一般历时数小时，但旋风能持续好几周，风速可以达到每小时 290 千米。1991 年旋风袭击了孟加拉，导致 25 万人丧生，数百万人流离失所。

干旱是另一种极端天气，数日、数月甚至数年持续没有降雨时就会发生干旱现象。干旱严重时，庄稼枯死，牲畜死亡，人们可能面临饥荒。

美国有一名公园护林员被闪电击中了7次，但他幸运地活了下来。

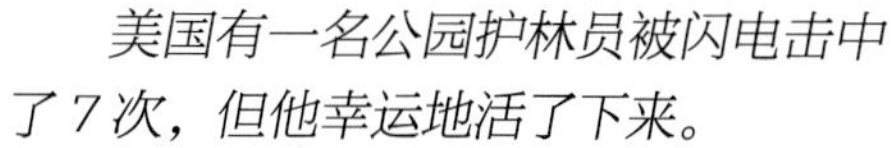

飓风和龙卷风

飓风是指在大西洋或北太平洋地区生成的强大而深厚的气旋，风力达到12级以上，风速最高可达每秒32.7米。飓风的中心有一片宁静的区域叫风眼，而且风眼越小，飓风的破坏力越大。风眼最宽可达40千米。每年，人们按字母表顺序给飓风命名：第一次飓风是以字母A开头的名字，比如艾丽西亚（Alicia）；第二次飓风是以字母B开头的名字，以此类推。龙卷风是大气中最强烈的涡旋现象，它是从雷雨云底部伸向地面或水面的一种范围很小但风力极大的漏斗状强烈气旋。

什么是气候？

天气会变化，然而各地的气候状况却相对稳定。气候是某个地区多年天气的平均状况。阳光充足、降雨量少的气候是沙漠气候。夏季炎热干燥，冬季寒冷潮湿的气候是地中海气候。常年炎热，有雨季、旱季之分的气候是热带气候。

极地气候

南极和北极的气候长期严寒且干燥，夏季气温稍有回升。

沙漠气候

在沙漠环境中，白天异常炎热，夜晚急剧降温。沙漠的降雨量很少。

高地气候

高地包括高原和海拔较高的山地，高地气候一般凉爽湿润，长期有雪。

在南极和北极，每年有长达26周的时间没有日照。

季节

许多地方四季分明。地球围绕太阳公转时，直面太阳的部分阳光充足，其他部分则阳光稀少甚至没有阳光。每年3月到8月，北半球温带地区日照充足，正值春季和夏季，而南半球温带地区此时则为秋季和冬季。每年9月到次年2月，情况则正好相反。

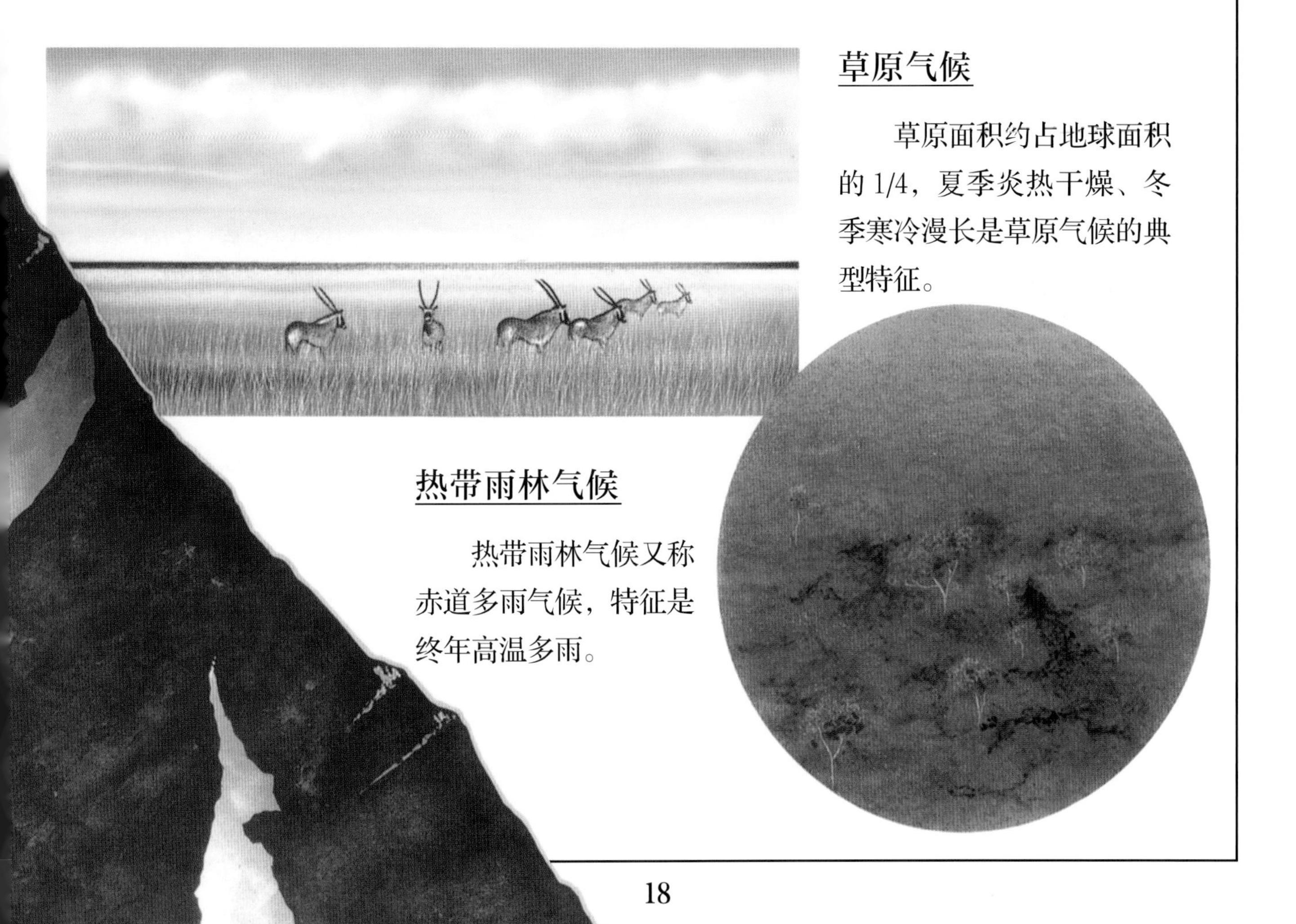

草原气候

草原面积约占地球面积的1/4，夏季炎热干燥、冬季寒冷漫长是草原气候的典型特征。

热带雨林气候

热带雨林气候又称赤道多雨气候，特征是终年高温多雨。

适应天气

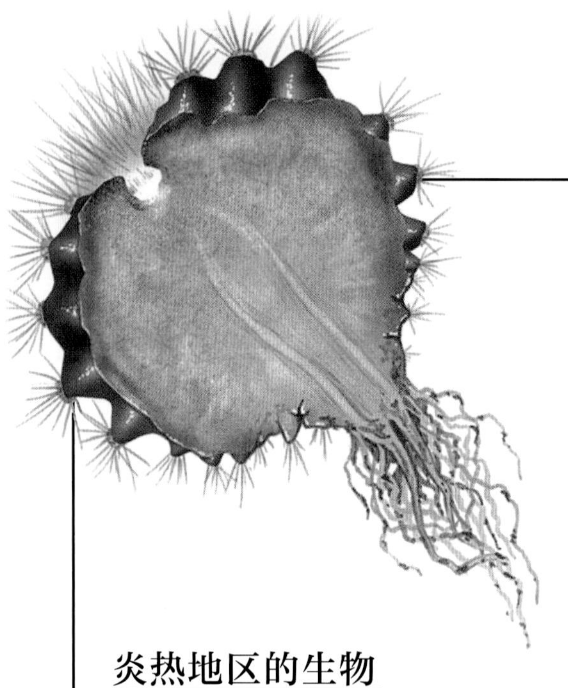

天气和气候影响我们的住所、饮食以及动植物的生存。生活在沙漠环境中的人们修建房屋以隔绝烈日；而在温带气候环境中，房屋的主要作用是抵御严寒。人们的生活方式也与当地的气候息息相关。动物会为适应某种特定气候而作出改变，比如沙漠动物能适应缺水的环境，在没有水的情况下也能生存很长时间。

炎热地区的生物

沙漠大袋鼠等沙漠动物白天会在地洞中躲避烈日，直到夜晚天气凉爽时才出来觅食。骆驼和鹿等大型动物白天待在树木或者岩石的阴影下面躲避烈日。仙人掌（见上图）可以为昆虫及其他小型沙漠动物提

北极燕鸥每年飞行3.5万千米，从地球一端飞到另一端越冬，再返回原地寻找食物。

房屋的类型

人们建造房屋以摆脱气候的影响。在热带雨林地区，屋顶一般用茅草盖成，以便雨水尽快从屋顶流下去。水灾易发地区的房屋通常建在高出地面的地桩之上。阿拉伯的贝都因人在沙漠中搭建简陋而凉爽的帐篷，亚洲的蒙古人则居住在用毛毡搭起来的圆顶蒙古包里，因为这些建筑可以帮助他们抵御烈日或者寒风。

在寒冷中生存

少数动物能在极地地区生存。企鹅和海豹等极地动物身上有厚厚的脂肪层，可以用来保暖。某些海豹身上的脂肪层可以达到15厘米厚。脂肪可以帮助动物御寒，也可以帮助它们在缺乏食物的状况下生存下来。鲸鱼和鸟类则会迁徙到相对温暖的地区越冬。

改变天气

紫外线

臭氧层空洞

人们认为各地的天气一直处在变化之中。车辆和工厂燃烧燃料时，产生的大量有害气体会排放到大气中。这些气体会使地球温度上升，长此以往会导致全球气候变暖。它们还会对风和降水产生影响。科学家认为，一旦全球气候变暖的现象有加重的趋势，有些地区就会发生严重的旱灾。

臭氧层空洞

臭氧层主要是大气层的平流层中臭氧浓度相对较高的部分，它的主要作用是吸收短波紫外线。在南极洲上空的臭氧层中，有一处很薄的区域，几乎形成了臭氧层的一个空洞，这就是臭氧层空洞。臭氧层空洞可能是由人们向大气中排放过量氯氟烃等化学物质造成的。

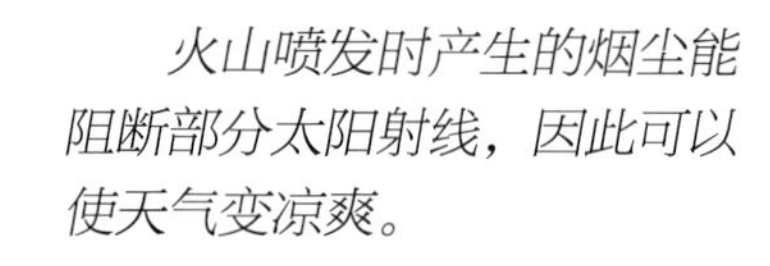

火山喷发时产生的烟尘能阻断部分太阳射线，因此可以使天气变凉爽。

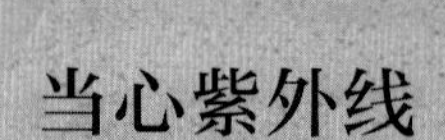

当心紫外线

平流层中有一层臭氧浓度相对较高的部分，可以吸收短波紫外线，保护人体免受破坏性太阳射线的伤害。这些对人体有害的射线被称为紫外线。随着臭氧层变薄甚至在部分区域消失（见左上图），越来越多的太阳光线会直接到达地球，照在我们身上。强烈的紫外线会灼伤我们的皮肤，甚至引发皮肤癌等疾病。

有些科学家预测，不断上升的海平面会在 2030 年淹没纽约的自由女神像。

冰川时期

随着时代变迁，地球气候不断发生变化。地球历史上曾经出现过多次冰川期，最近一次大约出现在 200 万年前。之后，冰川大面积融化，曾经生活在地球上的长毛象和长毛犀牛也永远地消失了。

左图为雕刻艺术作品，呈现的是生活在冰川期的北美野牛的形象。

当煤、石油和天然气等燃料燃烧时，会使大气中充满二氧化碳和其他有害气体，这些气体会破坏臭氧层。

天气预报

许多人想要了解明天、下周甚至下个月的天气状况。对于渔民、飞行员、农民和体育运动员等人群来说，提前了解天气状况十分重要。研究天气的科学家被称为气象学家，他们测量气温、降雨量、风速和风向，也接收来自陆地、海洋、高空甚至太空气象站的信息。气象学家收集这些信息来预测天气变化，从而告知人们未来的天气走向。

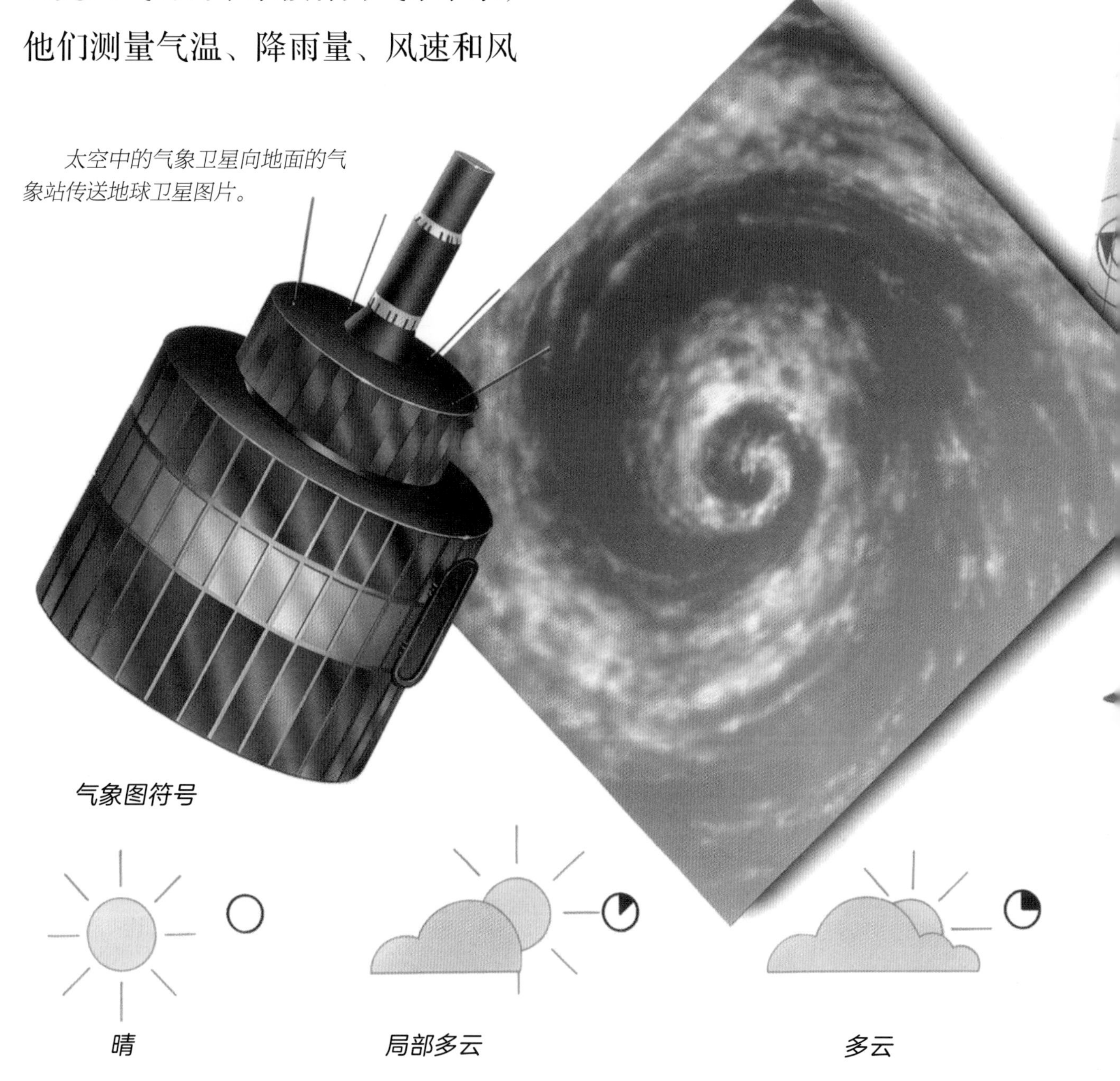

太空中的气象卫星向地面的气象站传送地球卫星图片。

气象图符号

识别天气

计算机采集各个气象站传送的数据，然后制作成气象图（见左图）。在气象图上，气温或气压相同的地区会用特殊的线条和数字连接起来，形成闭合的圈。当暖空气与冷空气交汇时，锋面就形成了。冷锋和暖锋在气象图上被分别标记出来，意味着图中那个地区的天气在变化。冷锋强劲时，会形成强风、多云或者雨雪天气。暖锋强劲时，当地的天气变化幅度较小，会形成小雨或微风等天气。

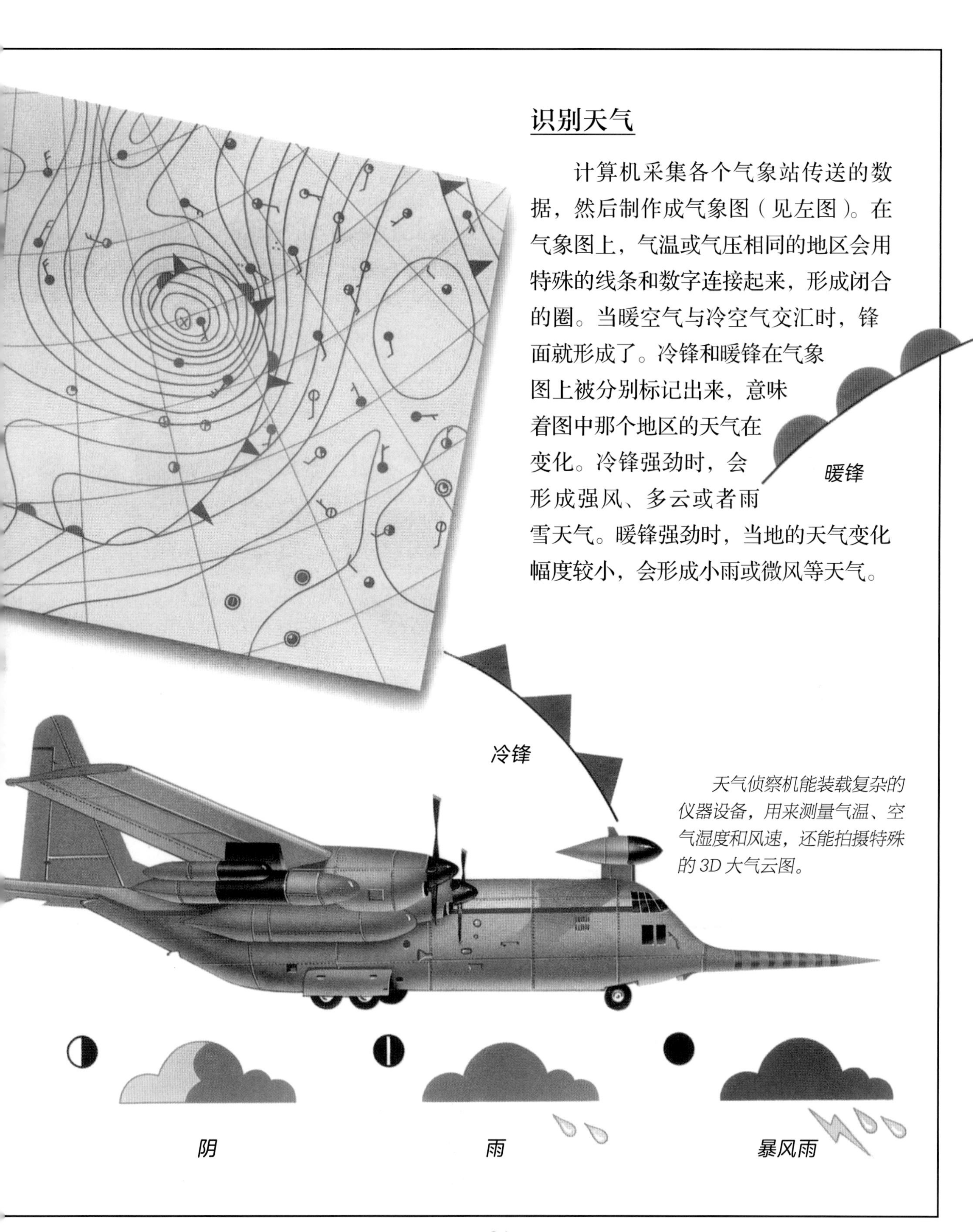

天气侦察机能装载复杂的仪器设备，用来测量气温、空气湿度和风速，还能拍摄特殊的 3D 大气云图。

天气日记

关注你家附近的天气状况，观察周围的天气情况，并将这些信息记录到你的日记里，写成属于自己的天气日记。你可以持续一年做这样的天气记录，也可以尝试预测明天或者下周的天气状况。每周至少记录1天的天气情况，并写下当天3个不同时段的观察结果。你可以使用一些特殊的符号来表示不同的天气状况。除记录气温和降雨量外，你还可以记录云的类型、云层厚度、风向、雾气厚薄和日照时长等信息。

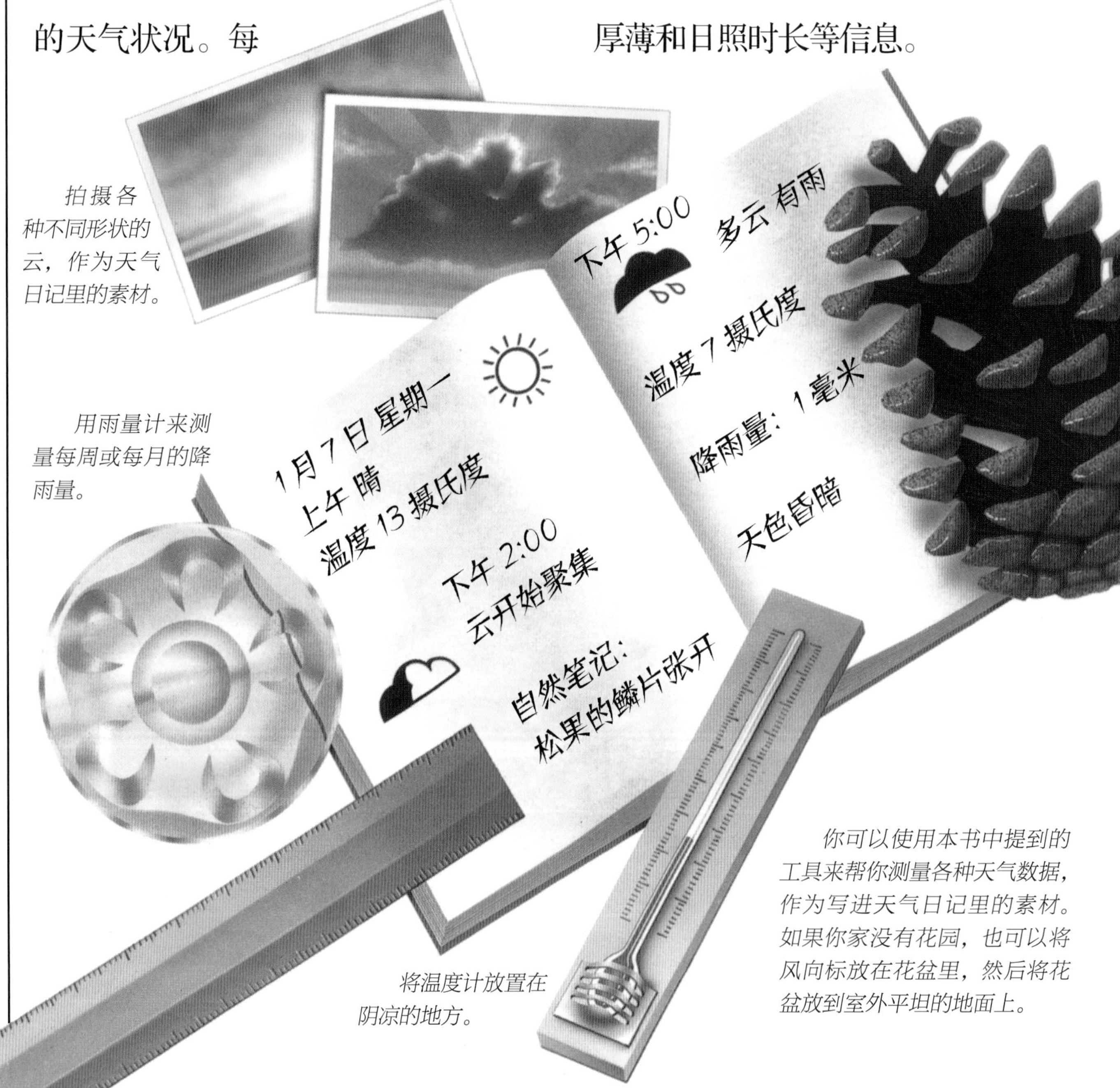

拍摄各种不同形状的云，作为天气日记里的素材。

用雨量计来测量每周或每月的降雨量。

将温度计放置在阴凉的地方。

你可以使用本书中提到的工具来帮你测量各种天气数据，作为写进天气日记里的素材。如果你家没有花园，也可以将风向标放在花盆里，然后将花盆放到室外平坦的地面上。

自然界中的天气预报员

仔细观察自然界中某些植物的变化，可以帮助你提前知道天气的变化。天气晴朗的时候，松果的鳞片会完全张开，以保持内部种子的干燥；而空气潮湿或者将要下雨时，松果的鳞片则会紧紧闭合。雨水即将到来时，白杨树的叶子会翻面。

天气谚语

朝霞不出门，晚霞行千里。
久雨刮南风，天气将转晴。
半夜东风起，明日好天气。
瑞雪兆丰年，无雪要遭殃。
鸭子潜水快，天气将变坏。

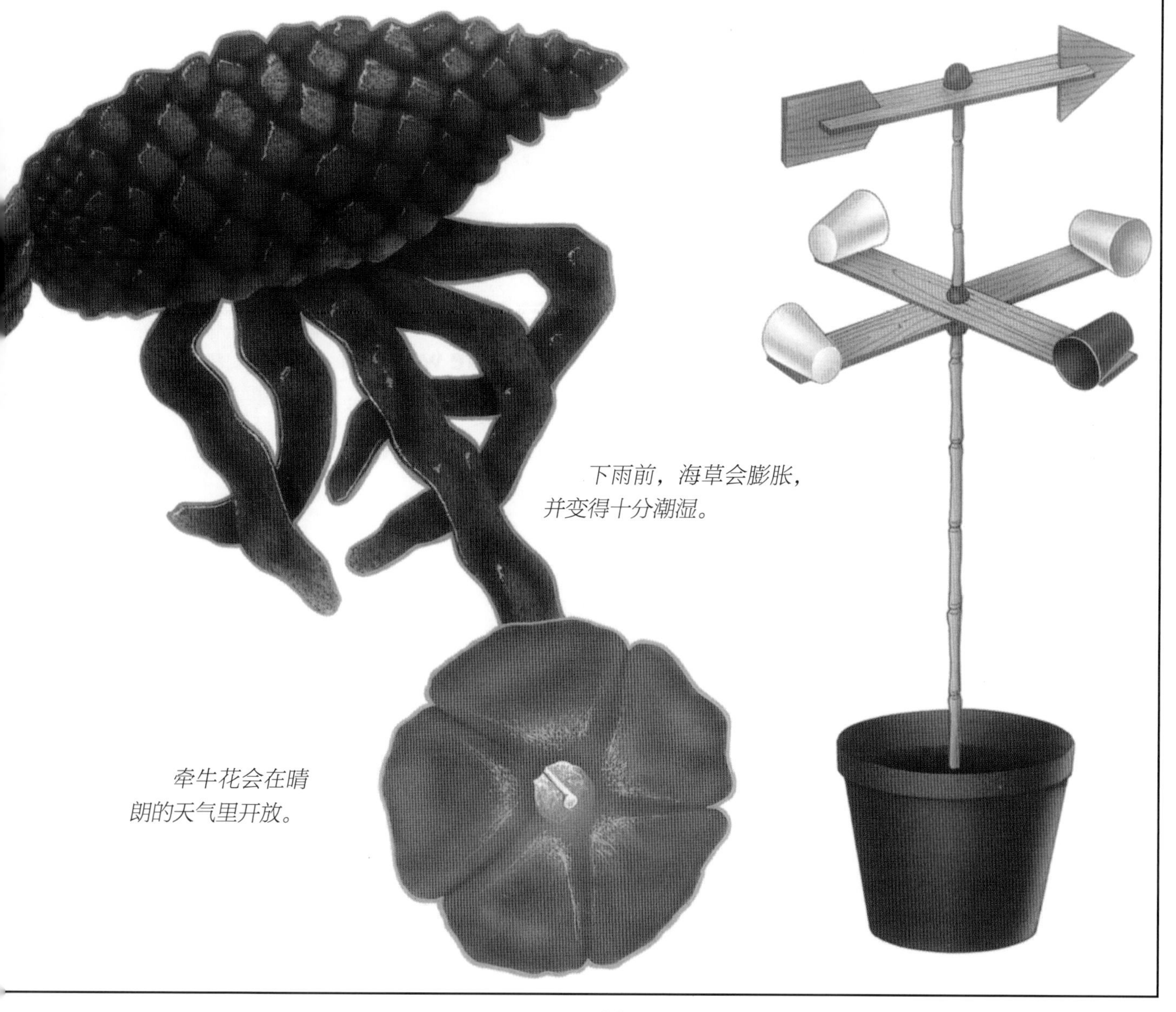

下雨前，海草会膨胀，并变得十分潮湿。

牵牛花会在晴朗的天气里开放。

更多奇趣真相

叙利亚主要以热带沙漠气候为主，却在 1988 年出人意料地迎来了一场大雪。

纽约的**帝国大厦**曾在一天之内被闪电击中 48 次。

一场意外的大风将**库克船长**的队伍吹到了当时还未被发现的澳大利亚海岸。

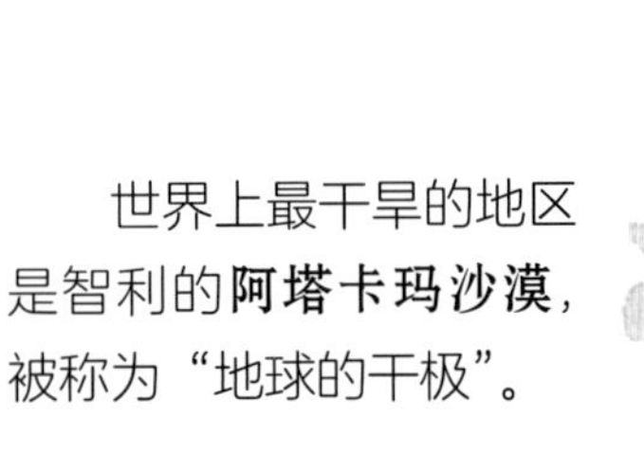

夏威夷的**威尔里尔**每年降雨多达 350 天。

1981 年 11 月 23 日，英格兰和威尔士共刮了 58 次**龙卷风**。

世界上最干旱的地区是智利的**阿塔卡玛沙漠**，被称为“地球的干极”。

南极洲的**联邦湾**是世界上风最多的地方，最快风速可以达到时速 320 千米。

术语汇编

贝都因人

以氏族部落为基本单位，在沙漠旷野中逐水草而居的阿拉伯人，是生活在阿拉伯半岛的游牧民族。

低云

云底距离地面 2000 米以下的云层。

对流层

位于地球大气中的最底层，集中了大部分的大气质量和水汽质量，是大气层中湍流最多的气流层，也是大气层中唯一会出现各种天气现象的气流层。

风暴云

又称雷暴云，指伴有大风、冰雹和龙卷风等灾害天气的雷暴。

锋面

温度和湿度等物理性质不同的两种气团的交界面，又称为过渡带。

高云

云底距离地面 3~18 千米的云。

卷云

一种高云，由高空的细小且稀疏的冰晶组成，分散离开处呈白色细丝状、碎片状或窄条状，颜色洁白且有光泽，薄而透光。

冷锋

冷气团起主导作用，推动锋面向暖气团一侧移动的气象气候。

暖锋

暖气团起主导作用，推动锋面向冷气团一侧移动的气象气候。

氯氟烃

由氯、氟及碳组成的卤代烷，最初被人们用来制作冰箱的制冷剂，由于对环境有污染作用，1996 年后被正式禁止生产。

气象气球

用橡胶或塑料等制成球皮，然后充满氢和氦等气体，携带仪器升到高空，进行气象观测的设备。有的气象气球不与地面连接，叫自由气球；有的气象气球与地面连接，叫系留气球。

气象图

又称天气图，是反映某一地区天气实况和形势的图。

水蒸气

简称水汽，是水的气体形式。水蒸气是一种温室气体，可能会造成温室效应。

威尔里尔

位于美国夏威夷群岛，降雨量多，是世界上最湿润多雨的地区。

涡旋

有时也称旋涡，指半径很小的圆柱在静止流体中旋转，从而引起周围流体做圆周运动的气流运动现象。

脂肪层

又称皮下脂肪，是储存在皮下的脂肪组织。

版权登记号：01-2020-4540

图书在版编目（CIP）数据

奇趣真相：自然科学大图鉴 . 5, 天气 /（英）简 · 沃克著；(英) 安 · 汤普森等绘；尹周红译. -- 北京：中国人口出版社, 2020.12

书名原文：Fantastic Facts About:Weather

ISBN 978-7-5101-6448-4

Ⅰ. ①奇… Ⅱ. ①简… ②安… ③尹… Ⅲ. ①自然科学－少儿读物②天气－少儿读物 Ⅳ. ①N49②P44-49

中国版本图书馆 CIP 数据核字 (2020) 第 159304 号

奇趣真相：自然科学大图鉴

QIQÜ ZHENXIANG：ZIRAN KEXUE DA TUJIAN

天气

TIANQI

[英] 简 · 沃克◎著

[英] 安 · 汤普森　贾斯汀 · 皮克　大卫 · 马歇尔　等◎绘

尹周红◎译

责任编辑　杨秋奎
责任印制　林　鑫　单爱军
装帧设计　柯　桂
出版发行　中国人口出版社
印　　刷　湖南天闻新华印务有限公司
开　　本　889 毫米 × 1194 毫米　1/16
印　　张　16
字　　数　400 千字
版　　次　2020 年 12 月第 1 版
印　　次　2020 年 12 月第 1 次印刷
书　　号　ISBN 978-7-5101-6448-4
定　　价　132.00 元（全 8 册）

网　　址　www.rkcbs.com.cn
电子信箱　rkcbs@126.com
总编室电话　（010）83519392
发行部电话　（010）83510481
传　　真　（010）83538190
地　　址　北京市西城区广安门南街 80 号中加大厦
邮政编码　100054